江湖问渔
丛书

U0686588

驰骋江湖的淡水虾王
——罗氏沼虾

Chicheng Jianghu de Danshui Xiawang
——Luoshizhaoxia

杭小英　主编

中国农业出版社
北 京

图书在版编目（CIP）数据

驰骋江湖的淡水虾王：罗氏沼虾 / 杭小英主编 .
北京：中国农业出版社 , 2024.12. -- （江湖问渔丛书）.
ISBN 978-7-109-33034-4

Ⅰ . Q959.223-49

中国国家版本馆 CIP 数据核字第 2025Z50T99 号

驰骋江湖的淡水虾王
——罗氏沼虾

Chicheng Jianghu de Danshui Xiawang
—Luoshizhaoxia

中国农业出版社出版

地址：北京市朝阳区麦子店街18号楼
邮编：100125
策划编辑：王金环　武旭峰
责任编辑：蔺雅婷　杜　婧　王金环
版式设计：刘亚宁　责任校对：吴丽婷　责任印制：王　宏
印刷：北京缤索印刷有限公司
版次：2024年12月第1版
印次：2024年12月北京第1次印刷
发行：新华书店北京发行所
开本：700mm×1000mm　1/16
印张：5.75
字数：110千字
定价：40.00元

驰骋江湖的淡水虾王——罗氏沼虾
编委会

主　编　　杭小英
副主编　　徐　洋　孙　晨　胡杰婧
参　编（按姓氏笔画排序）
　　　　　邹松保　胡莹峰　原居林　徐宾朋　高　强　郭建林
　　　　　彭　俊　彭　菲　蒋文柠　程海华　蔡　煜
绘　画　　丁玉林

江湖问渔丛书
序

探寻江湖之秘，共赏渔乐之美

习近平总书记强调"科技创新、科学普及是实现创新发展的两翼"。近年来，越来越多的科研机构在科技创新的同时，把科学普及工作摆到重要位置，陆续出版了一批优秀的科普作品。浙江省淡水水产研究所就是其中的代表，既潜心科研、成果不菲，又热心科普、贴近大众。

浙江省淡水水产研究所是一家有着 70 余年发展史的淡水渔业科研机构，研发了一批原创性的渔业科技成果，获得了包括 8 项国家级科技奖励在内的成果奖励 162 项。"江湖问渔丛书"就是这 70 多年科研积淀转化为文创产品的大众读物。"江湖问渔"中的"问渔"出自成语"入山问樵，入水问渔"，意指上山要向樵夫问山路，渡河要向渔夫问水情，喻指凡事要向内行人求教。内行人对本领域专业知识的内涵要义理解更透彻、把握更精准，他们投身科普创作能更好地将前沿科研成果和科技知识转化为兼具科学性和专业性、大众化的科普作品，让公众易于接受、乐于接受，从而提升全民科学素养，这也是每一位科技工作者义不容辞的神圣责任。

水产品既是人们日常生活中食物的组成部分，更是优质蛋白的重要来源。鱼虾蟹贝的美味，无人不晓，但却少有人知道这些美食的来由。"江湖问渔丛书"选取了当今水产市场热销的罗氏沼虾、翘嘴鲌、鳜鱼等品种为对象，以通俗的文字、平实的手法，将物种的种属分类、生物学特征、生长繁殖习性以及产业发展现状和未来趋势娓娓道来，让读者在轻松愉快的阅读中对水产知识有一定了解，领会渔业在促进农民增收致富、实现乡村产业振兴中的重要作用。

这套丛书的特别之处是，作者奇思妙想，创新性地将水产知识与武侠文学相结合，以拟人化的手法，赋予鱼虾等生物个性和特点。如，罗氏沼虾是一位骁勇善战、驰骋江湖的侠客；小白鱼是名门之后，从天真无畏到成熟有担当，成长为家族的中流砥柱……并以此"江湖"喻指彼"江湖"，唤起读者的江湖情怀和武侠情结，探寻隐藏在波澜之下的生命奥秘，因而更增添了一抹浪漫主义色彩。同时，将水产知识与渔文化、美食相融合，书中穿插了许多生动有趣的涉渔故事和传说，让读者在品味渔乐之美时，感受中华渔文化的博大精深。

无论是对于想要学习了解渔业和水产知识的朋友，还是有志投身水产行业的青年学生，抑或是渔文化爱好者，以及想要探寻江湖之秘的广大读者，"江湖问渔丛书"都是值得一读的优秀科普作品。愿你在阅读赏析过程中，找到那份属于自己的渔乐之美。

乡村振兴是当今中国的大事要事，让我们携手为促进乡村振兴、保护江湖生态、传承发扬优秀渔文化贡献自己的一份力量。

浙江省水产学会理事长　陈元林

　　江湖，本意指长江和洞庭湖，后泛指三江五湖，即自然界所有的江河湖海。

　　在广袤的中华大地上，分布着类型多样的水体，河流纵横交错，湖泊星罗棋布，溪涧曲折幽深。长江是我国第一大河，流经 11 个省市；京杭大运河是世界上最长的人工河道，连接了海河、黄河、淮河、长江、钱塘江五大水系；鄱阳湖、洞庭湖、太湖、洪泽湖、巢湖是五大淡水湖，还有青海湖是著名的咸水湖。丰富多样的水体资源，孕育了数量庞大、种类繁多的水生动物。它们中，有的见识过大海的广袤，也领略过江河的奔腾；有的生活在池塘中，终生局限在小小一方塘中。有的生性凶猛，独霸一方；有的温顺弱小，只求一隅安稳一生。有的天赋异禀，曾经名扬天下，如今难寻踪迹；有的看似普通，默默无闻，种族历经千年绵延至今。

　　对中国人来说，江湖还有另一层含义，它是中国传统文化中的一个特殊名词。经历了金庸、古龙等武侠名家的作品洗礼后，在大多数人的认知里，江湖已与武林密不可分。江湖中，有形形色色的人物，有性格迥异的各路侠客，还有大大小小的宗门派别；有弱肉强食的竞争法则，有重信守诺的江湖道义，更有侠之大者为国为民的大义。

　　作为备受武侠文学影响的一代人，也作为一名长期从事渔业的科研工作者，总觉得一个水域生态系统就像是一个等级分明、法则井然的世界，生活在其中的鱼虾蟹也各有各的性格，各有各的命运。如果把此江湖看作彼江湖，把水中生物比作江湖中的人物，倒也是一件很有趣的事。不如就跟着编者一起，来探一探这个身边的"江湖"。

Chicheng Jianghu de Danshui xiawang

Luoshizhaoxia

驰骋江湖的淡水虾王

——

罗氏沼虾

在丰富多彩、生机盎然的水生动物世界中，罗氏沼虾以其独特的魅力脱颖而出，成为淡水养殖领域的璀璨新星。这种原产于东南亚地区的淡水虾类，以其生长快、个体大、营养丰富等特性，不仅赢得了"淡水虾王"的美誉，更在全球水产养殖业中占据重要地位。

在中国，罗氏沼虾是外来物种。1976年从日本引种，经过40多年的发展，罗氏沼虾已成为我国水产养殖主导品种之一，目前在淡水虾养殖产量中排第四位。在世界上，中国是罗氏沼虾第一养殖大国，连续20多年养殖产量稳居世界第一。

随着人们对高蛋白、低脂肪等健康饮食方式的追求，罗氏沼虾的市场需求不断扩大，其养殖产业发展也日益受到重视。为了普及罗氏沼虾的科学养殖知识，提升养殖从业者的技术水平，引入更多的政府、社会资金支持罗氏沼虾的科学研究事业和产业发展，激发青少年的科学兴趣投入水产行业，推动整个水产养殖业的可持续发展，我们精心编写了这本《驰骋江湖的淡水虾王——罗氏沼虾》。

本书采用通俗易懂的语言，图文并茂地介绍了罗氏沼虾的生物学特性、生长繁殖习性、养殖模式、良种选育研究、烹饪方法等内容，分析了罗氏沼虾在中国的养殖产业发展现状及方向。在编写过程中，我们参考了大量国内外最新的科研成果，向长期深耕生产一线的科研人员请教罗氏沼虾的习性特点和养殖实践经验，力求做到本书内容科学准确、实用性强；同时，拍摄了罗氏沼虾生长、生活实景实态，通过图表、视频等形式，帮助读者更直观地理解和掌握知识要点。另外，我们寻到菱湖本土水乡画家，创作了形态逼真、妙趣横生的 10 余幅画作，为本书增添了不少文化艺术气息。

在此，我们要特别感谢那些为渔业科学研究和技术推广事业长期默默奉献的科研工作者和养殖从业者，是他们的辛勤工作和不懈努力，才让我们有机会深入了解并分享这一宝贵的水产养殖种质资源。

在编写过程中，我们始终小心谨慎，对数据多番考证，对用词反复斟酌，但限于编者水平，难免有不当之处，恳请各位专家、同行及广大读者不吝赐教，予以斧正。

编者

2024 年 9 月

目录
Contents

壹

侠影寻踪

驰骋江湖的淡水虾王
——罗氏沼虾

Chicheng Jianghu de Danshui Xiawang
——Luoshizhaoxia

Macrobrachium
rosenbergii

南边来的新人物

　　中原江湖，最近出了一号新人物——罗氏沼虾，因其臂长于身，着一身青蓝色盔甲，也称"长臂大虾"。原本只是活跃在南方沿海一带，后来往北发展，逐渐在长三角地区占据一席之地，尤其近几年声名鹊起，还得了个"淡水虾王"的名号。至于出身嘛，众说纷纭，有的说来自天竺，有的说来自暹罗，甚至有的说是从扶桑来的。论声望，自是与已在中原盘踞千百年的青草鲢鳙四世家不能比，但自半个世纪前在中原开宗设立"长臂虾"门派，短短几十年已在淡水虾族中稳坐第四把交椅，实力不容小觑。

罗氏沼虾

01 何门何派

　　罗氏沼虾（*Macrobrachium rosenbergii*）隶属于节肢动物门、软甲纲、十足目、长臂虾科、沼虾属。在沼虾属的130多个品种中，罗氏沼虾养殖面积最大，是世界上个头最大的淡水虾类，有"淡水虾王"之美誉。

02 源自何方

罗氏沼虾原产于印度洋、太平洋区域的热带和亚热带地区，自然分布于印度、斯里兰卡、孟加拉国、泰国、马来西亚、柬埔寨、越南、菲律宾等东南亚地区的淡水或咸淡水水域。

1960年东南亚一些国家开始人工养殖，1961年突破人工繁殖技术；1965年美国夏威夷首先从马来西亚引进养殖，随后巴西、哥伦比亚、日本、英国、以色列等国引进养殖，罗氏沼虾分布到世界五大洲，成为世界性养殖品种。

··· 科普小驿站 ···

淡水虾养殖之父

在罗氏沼虾养殖史上，有一个人不得不提，他就是"淡水虾养殖之父"——林绍文。他是中国水产学奠基人之一，燕京大学生物学硕士，美国康奈尔大学湖沼学博士，曾在厦门大学、山东大学任教，抗战胜利后在上海筹建中央水产研究所，任首任所长；1949年起，林绍文任联合国粮农组织技术专家和亚洲及远东地区渔业养殖专家23年之久。1961年在马来西亚滨浪屿首先进行罗氏沼虾的人工繁殖，并取得成功；接着又进行池塘养殖试验，于1963年取得成功。从此结束了百年来罗氏沼虾养殖虾苗靠天然的被动局面，是罗氏沼虾养殖史上的一个重大突破。

03 入驻华夏

　　1976 年秋，中国农林科学院从日本引进 50 尾罗氏沼虾，由广东省水产研究所（现中国水产科学研究院珠江水产研究所）首先试养，并繁殖成功，一开始养殖区域主要集中在广东、广西地区；20 世纪 90 年代，随着罗氏沼虾规模化人工繁殖技术日渐成熟，罗氏沼虾养殖业在广东、广西、海南、福建等南方沿海省份快速发展，而后在江苏、浙江、上海逐渐兴起，并逐步向北方及内陆地区扩展。

　　经过 40 多年的发展，罗氏沼虾已成为我国水产养殖主导品种之一。据《中国渔业统计年鉴》数据，2023 年全国罗氏沼虾养殖产量为 196 374 吨，在淡水虾养殖产量中排第四，前三名分别是克氏原螯虾（即小龙虾）、南美白对虾和青虾。中国已成为罗氏沼虾第一养殖大国，连续 20 多年养殖产量稳居世界第一，近 10 年养殖产量在全世界总产量的占比均超过 50%。

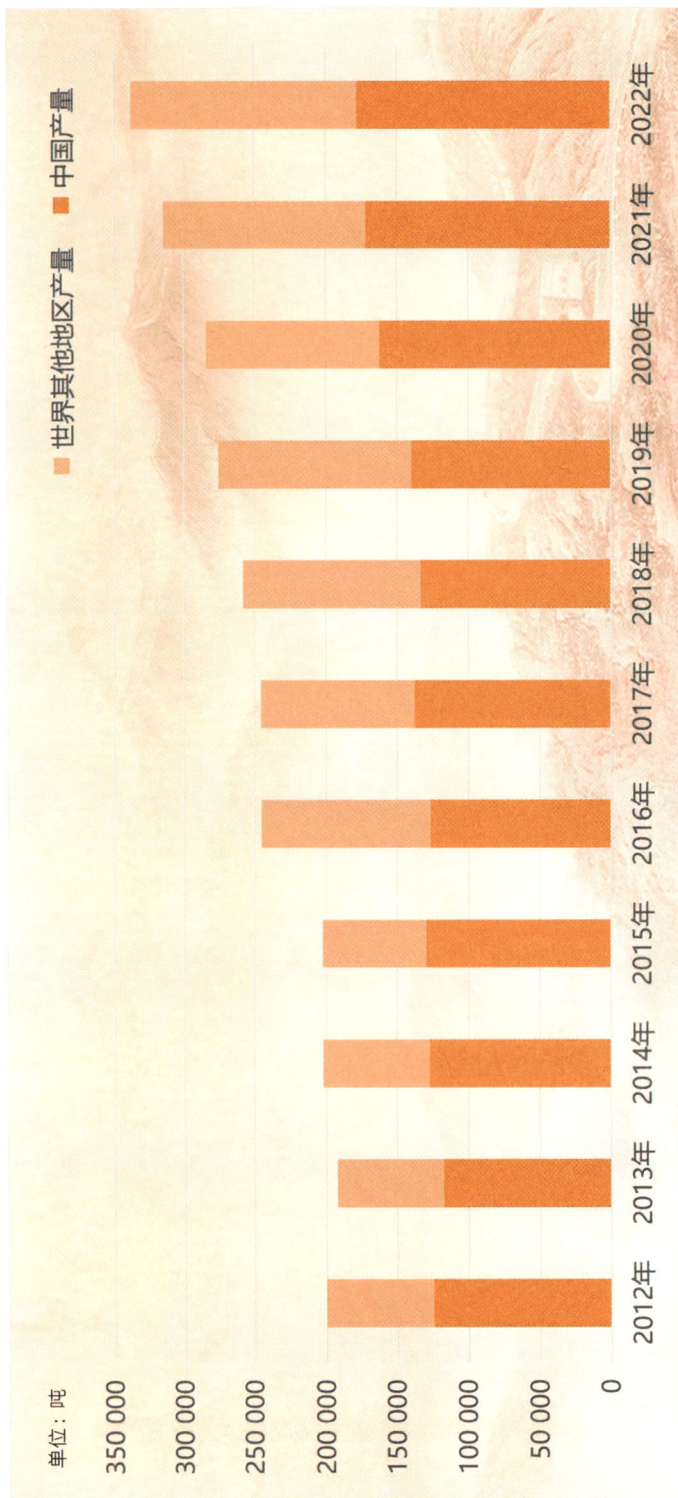

单位：吨

■ 世界其他地区产量　■ 中国产量

中国已成为罗氏沼虾养殖第一大国

广东省 850 84 吨　　江苏省 614 85 吨　　浙江省 319 69 吨　　其他地区
43.3%　　　　　　　31.3%　　　　　　　16.3%　　　　　　9.1%

2023 年我国主养区罗氏沼虾产量占比

04　三分天下

　　目前，罗氏沼虾养殖已遍布全国 29 个省（自治区、直辖市），其中，广东、江苏、浙江的养殖产量位列前三。2023 年，广东、江苏、浙江的养殖产量分别占全国的 43.3%、31.3% 和 16.3%，这 3 个地区的产量占全国罗氏沼虾产量的 91%，呈"三分天下"之势，是我国罗氏沼虾产业发展的支柱。

贰 侠客风采

驰骋江湖的淡水虾王
——罗氏沼虾

Chicheng Jianghu de Danshui Xiawang
——Luoshizhaoxia

赵客缦胡缨，吴钩霜雪明。
银鞍照白马，飒沓如流星。
——《侠客行》〔唐〕李白

Macrobrachium
rosenbergii

月下独行

　　随着最后一缕阳光消失在地平线，大地被暮色笼罩。一弯明月挂在天边，银色的月光洒在平静的水面上，岸边的芦苇在微风中摇曳，水面泛起涟漪，而水下的世界开始活跃起来。一只大虾缓缓步入视野，它头部高昂，身形健硕，身披青蓝色铠甲，步履从容，气宇轩昂，宛如一位沉着的勇士。它从草丛中迈步而来，持一对泛着蔚蓝色寒光的长螯枪在前面开路，水草轻轻摇摆，仿佛向这位夜行王者致以崇高的敬意，而那些小鱼小虾，更是早早躲进了安全的角落，不敢发出一丝声响，生怕惊扰了这位"大侠"的巡游。

越冬后的虾

刚性成熟的虾

01 大侠本色

　　罗氏沼虾体表被几丁质甲壳包裹，体色一般呈淡青蓝色，间有棕黄色斑纹，背部腹节交接处及尾扇分布有左右对称的黄色斑点。

　　其体色会因栖息环境的光线强度不同而有所差异，当水体透明度较大时，体色相对较淡；反之，水体透明度小低，体色就会相对较深。另外，随着个体生长，不同月龄的成虾体色也有所不同，刚刚性成熟的虾体色呈淡青色，比较透亮；越冬后尤其繁殖后的虾体色呈青蓝色，螯足的颜色也愈发深，呈蔚蓝色，通身很是气派。

　　所以，大侠可以是灵动的青色，也可以是沉稳的蓝色。有人喜欢"小鲜肉"，也有人喜欢中年"大叔"。

… 科普小驿站 …

蓝色的生物

　　自然界蓝色的植物、动物相对很少。科学家认为，自然界不存在真正的蓝色或者说蓝色色素，呈现蓝色的生物体必定反射了能量较高的蓝光，其余颜色的光被渗透到生物体内部无法反射。这种现象，就是人们所说的结构色。

02 孔武有力

罗氏沼虾全身由 20 节体节组成，其中头部 6 节和胸部 8 节愈合在一起形成头胸部，腹部 6 节。头胸甲正前方有一向前突出并向上弯曲的尖锐额角，额角下方两侧为一对具柄复眼，其下方是两对触角。

武力值 MAX

头胸部下侧有 5 对步足，第一和第二对步足的末端呈钳状，是摄食和防御工具。第二步足又称螯足，性成熟雄虾的螯足特别粗壮，长度超过体长，这也是"长臂大虾"名称的由来。螯足是虾主要的战斗武器，形状就像两把钳子，碾压力比较强，如果小型猎物被夹住，基本很难逃脱。

优势变弊端

但凡事都有两面性，有时候，优势也会变弊端。罗氏沼虾这一对引以为傲的长"钳子"上有很多细密的"毛刺"，在斯里兰卡，当地渔民正是利用罗氏沼虾的这一特点来进行捕捉，他们把细丝渔网撒到天然水域中，罗氏沼虾的"长臂"只要碰到渔网，就会被缠住无法挣脱，渔民们"守网待虾"，几乎不费吹灰之力。一代"虾王"，在人类面前也只能束手就擒。

运动能力

腹部下侧有 6 对附肢，其中 5 对是游泳足，扁平状，具有滑水功能，最后 1 对是尾扇的组成部分。

触角   额角   复眼   头胸甲   腹节

游泳足   尾扇

第二步足   第一步足   步足

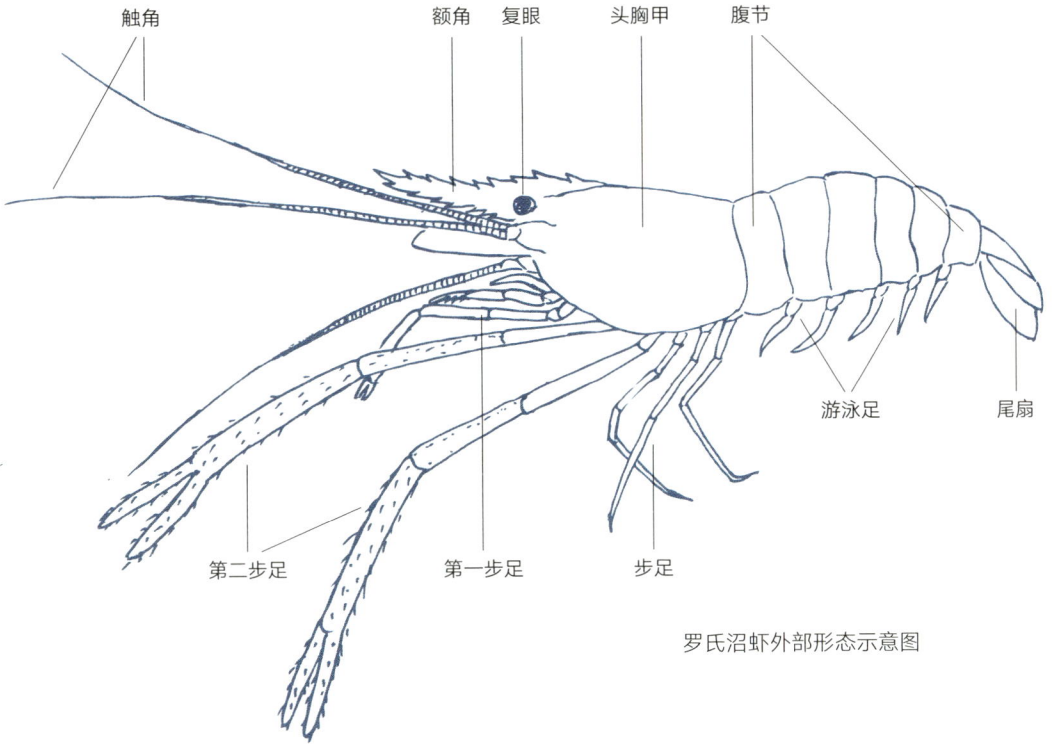

罗氏沼虾外部形态示意图

    罗氏沼虾有三种运动方式：爬行、游泳、弹跳。日常活动以爬行和游泳为主，但是它的游泳能力其实很弱，只能作短距离的游泳，大多数时间它都在水底爬行。虽然游泳能力弱，但它有一项弹跳绝技，当遇到敌害侵袭时，它会通过腹部的急剧收缩，借助尾扇的作用，使身体迅速向后弹跳，以避开敌害。有实验表明，罗氏沼虾可以连续弹跳 5 分钟（每分钟 3 ~ 4 频次）而未显疲劳。

雄虾（左）和雌虾（右）对比图

03 雌雄有别

罗氏沼虾存在性二型现象，即雌虾和雄虾在大小、身体结构、局部形态特征上存在明显差异。

看体型。相同日龄的成虾，雄性个体明显大于雌性。

看第二步足。性成熟的雄虾第二步足特别发达、粗壮，长度为雌虾的1.5 ~ 1.7倍，大多呈漂亮的蔚蓝色；雌虾的第二步足相对细短，呈灰蓝色。

看第五步足基部间距。雄虾第五步足基部之间的距离比较窄；而雌虾的比较宽，呈"八"字形。

看雄性附肢。雄虾第二腹足的内肢内缘有一棒状突起，称为雄性附肢；而雌虾没有。

雄虾：第五步足基部间距较窄

雌虾：第五步足基部间距较宽，呈"八"字形

　　看性腺颜色。性成熟的雄虾性腺为白色；性成熟的雌虾性腺为橙黄色，透过头胸甲清晰可见。

　　看抱卵腔。雄虾的腹足不甚发达；雌虾的腹足发达，腹部甲壳适度外扩形成抱卵腔。从其背面俯视，雌虾因为有抱卵腔腹部比雄虾宽，产过卵的雌虾尤为明显。这是一种孕育生命的表征。

··· 科普小驿站 ···

性二型

　　性二型即两性异形，是指种内雌、雄个体之间在诸如大小、身体结构、体色或身体局部形态等特征上存在显著差异。性二型现象在生物界中普遍存在，在甲壳动物中也很常见，如近方蟹雄性头胸甲宽显著大于雌性；红足沼虾雄性的头部、头胸甲、额角、第一和第二步足均大于雌性。

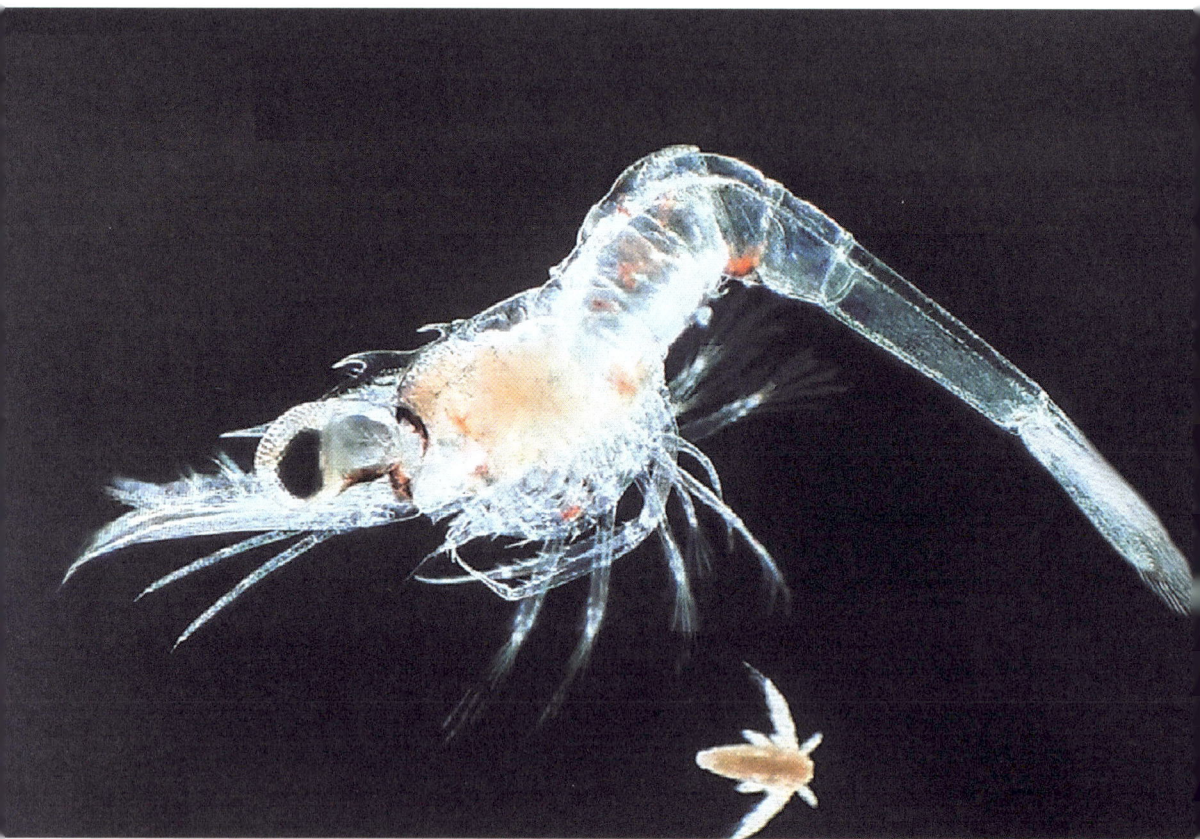

罗氏沼虾幼体和丰年虫无节幼体（放大 100 倍）

04　食性广泛

罗氏沼虾是杂食性动物，食性很广，动物性饵料、植物性饵料都吃。不同的生长发育阶段，对食物的要求也不同。

三个阶段三份食谱

第一个阶段：刚刚孵化的溞状幼体，以自身卵黄为营养物质；第一次蜕皮后，就可以自己捕食小型浮游动物了，丰年虫的无节幼体是它们喜欢的一种食物。

第二个阶段：再长大些，发育成幼虾后，喜欢吃水中的小型甲壳类、昆虫幼体、动物尸体、有机碎屑及配合饲料。

第三个阶段：成虾的食性很杂，喜欢吃动物性饵料，比如破壳软体动物、鱼肉碎片、动物尸体、小型甲壳类等，也吃植物性饵料，比如鲜嫩水生植物、各种藻类等。人工养殖条件下，可以吃固体颗粒饲料。食物不够的情况下，会出现同类相残的行为，弱小虾、刚蜕皮后的软壳虾常成为同类的食物。

人工养殖条件下，为提高育苗产量，需要对越冬的种虾进行营养强化。有科研人员通过投喂螺蛳肉、鸡蛋糕、胡萝卜、配合饲料等四种饵料，开展摄食量比较试验，发现罗氏沼虾更喜爱吃螺蛳肉和胡萝卜。

摄食行为

罗氏沼虾吃东西时用第一步足将食物夹住，送到口部位置，用短而坚硬的大颚把食物嚼碎，再用第一对小颚把嚼碎的食物送到嘴里。看罗氏沼虾吃颗粒饲料是一件很有趣的事，有点类似现在看网红做"吃播"。饲料撒下去，它就"食指"大动，一对步足"左右开弓"，进食速度很快，左一颗、右一颗、左一颗、右一颗……

罗氏沼虾
摄食行为

罗氏沼虾的摄食强度主要受水温的影响：水温在20 ～ 30℃时，摄食旺盛；当水温下降至16℃以下，摄食量减少，进入越冬期。

摄食

叁

修炼之路

驰骋江湖的淡水虾王
——罗氏沼虾

Chicheng Jianghu de Danshui Xiawang
——Luoshizhaoxia

Macrobrachium rosenbergii

对决

　　长臂虾门派南宗、风宗之间的这一场对决已进入白热化。只见南宗的这只大虾身手敏捷，风驰电掣般带着气势和霸道朝对手直奔而去，风宗的大虾眼看形势不妙，连连后退，但背后就是一片乱石，退无可退，只好举螯硬挡，这一挡，却发现臂上似乎有千钧之势，手臂被剧烈一震，只听"咔嚓"一声，右螯足从关节处断裂落下。眼看着自己引以为傲的一对螯足刹那间就少了一个，风宗大虾虽然大恸但仍不失冷静，使了个弹跳绝技，遁逃而去。

01　成长不易

罗氏沼虾一生经历受精卵、幼体、幼虾、成虾等四个阶段。

降海洄游

罗氏沼虾有降海洄游习性。在自然环境下，幼虾到成虾阶段生活在淡水中，发育成熟后的亲虾，集群于河口半咸水区域，进行交配、产卵、孵化，幼体发育阶段必须在咸淡水中。

人工养殖中，虽然受精卵在淡水或咸淡水中都能孵化，但是淡水中孵化的幼体 24 小时后活动减弱，2 ~ 3 天后全部死亡。所以当卵从橘黄色变成灰色时，应将抱卵虾移到盐度稍高的水中。

罗氏沼虾生活史
各阶段依次为（逆时针）：抱卵虾（下）、溞状
幼体、仔虾、幼虾、成虾

敏感体质

罗氏沼虾性喜暖，畏寒，对水温、水中溶氧量等变化敏感。适温范围 18 ~ 34℃，最适生长温度是 28 ~ 32℃，水温下降到 16℃时，各种生理活动减弱，逐步死亡。不耐低氧，溶氧量低于 3 毫克 / 升时开始浮头。

无论是自然环境，还是人工养殖条件下，从受精卵发育长大到成虾，都不是一件容易的事情。人工条件下，孵化的罗氏沼虾幼体发育到仔虾，成活率（俗称出苗率）一般为 50% ~ 70%；虾苗再发育到幼虾，生长为成虾，其间由于食物、生存空间、疾病等因素，成活率为 60% ~ 70%，低的只有 30% 左右。自然环境中，这些比例会更低。

发育阶段	生活水域	生活方式	趋光性	集群性
溞状幼体	盐度 12～14 的咸淡水	浮游生活	趋光，但避开强光和直射光	喜集群
仔虾	经淡水驯化后可在淡水中生活	底栖生活	负趋光性	不喜集群
幼虾、成虾	咸、淡水均可，但喜淡水	底栖生活	负趋光性	不喜集群

罗氏沼虾在不同生长发育阶段栖息习性比较

02 双重性格

在罗氏沼虾的整个生命周期中，不同生长发育阶段对生活水域的盐度条件要求不同，生活习性也会改变，甚至有些重要习性是截然相反的。

罗氏沼虾溞状幼体阶段，必须生活在具有一定盐度的咸淡水中，在盐度为 12～14 的水域中生长发育最佳，若此期放入纯淡水中，不久就会死亡。幼体行浮游生活，总是腹部朝天，背部朝地，尾部倾斜向上，头部倾斜向下。幼体喜集群生活，有较强的趋光性，但又避开强光和直射光。

溞状幼体蜕皮 11 次后变成仔虾，仔虾能水平游泳，行底栖生活，经淡水驯化后可以在淡水中生活。之后很快变态成幼虾。

当幼体变态成幼虾后，直到成虾和抱卵亲虾，均生活在淡水中，并行底栖生活。平日多分布在水域边缘，喜欢攀缘于水草、树枝或其他附着物之上，具明显的负趋光性，白天活动较少，大多藏身在水草和树枝内；到了夜晚，则活动较为频繁，觅食、产卵等多在夜间进行。

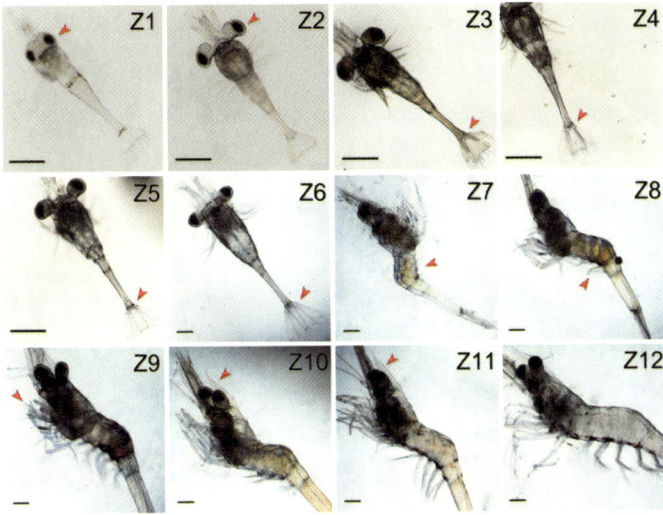

罗氏沼虾溞状幼体发育变化显微图
（Z1～Z5：放大40倍；Z6～Z12：
放大6.3倍）

03 外练筋骨皮

罗氏沼虾的发育、生长、繁殖均需通过蜕壳（幼体阶段称"蜕皮"）完成。

变态蜕皮。 罗氏沼虾在发育期间要经历数次蜕皮，每蜕一次皮，幼体就进入一个新的发育阶段，实现自身的组织器官重建，甲壳也越来越硬，称为变态蜕皮。罗氏沼虾从幼体发育成仔虾大约经历11次蜕皮，大约需要20天。

生长蜕壳。 生长同样也是通过蜕壳实现的。生长期的罗氏沼虾每蜕一次壳，形态无明显变化，但体重会实现一次跨越式增长，增长率为20%～80%。水温适宜时，仔虾3～6天蜕壳一次；进入幼虾阶段，蜕壳周期延长至5～10天；成虾阶段，蜕壳周期为15天左右或更长时间。因此，罗氏沼虾共经历20～30次蜕壳才能长成上市规格。

生殖蜕壳。 雌虾必须经历生殖蜕壳方能排卵交配。生殖蜕壳一般在夜间、黄昏或黎明进行，蜕壳后24小时内接受交配产卵。蜕壳后的雌虾虾体柔软，腹足基部有许多抱卵毛发生，有利于卵的排出和附着。

再生复原蜕壳。 是以缺损附肢再生为目的的蜕壳。

蜕壳

蜕壳过程

蜕壳过程通常不到 5 分钟。首先，在头胸甲和腹部背面中间未钙化的膜质部位，出现横的扯裂，然后头胸部昂起慢慢从旧壳中脱出，此时虾的身体反向弯曲，随着附肢不断拨动，逐渐推动身体，最后腹部用力弯曲弹跳，整个身体从旧壳中脱出。

罗氏沼虾
蜕壳过程

一次蜕壳就是一次修炼

罗氏沼虾从幼体发育生长为成虾要经历几十次蜕壳（蜕皮），每次蜕壳后，身体构造逐渐完善，躯体变大，虾壳变硬。我们无从了解虾蜕壳时的感受，但蜕壳后的几个小时，虾壳还未变硬，是最脆弱的时候，水温变化、敌害，甚至同类捕食，都会导致虾死亡。如果营养缺乏（主要是钙、磷等），蜕壳不成，也会导致虾僵死于虾壳之中。

中国传统武术讲究"外练筋骨皮，内练一口气"，每一次蜕壳就是一次修炼，身体的外壳越来越坚硬，一次次超越曾经的自己，内心也越来越强大。

04 来吧，决斗

罗氏沼虾领域行为明显，好打斗，有时为了争夺食物，有时为了争夺休憩区，繁殖季节，雄虾的占区行为比雌虾明显和强烈，会为了争夺交配权而决斗。

雄虾间的争斗颇具仪式感。

第一场是"文斗"。先是比身形，双方尽量将各自的螯足平伸，比试长度；同时，以尾扇着地，第3、4、5步足作支撑，头部高高昂起，比试头昂起的高度。然后是比力量，比试各自保持上述姿态的时间长短。一般情况下，螯足短、头昂起较低、"较劲"时间短的一方是失败者。

如果"文斗"没有决出胜负，那就要开启第二场"武斗"了。它们以螯钳夹住对方撕扯，直至一方落败。落败方如果识趣就此退去，胜方一般不会多作纠缠；如果是个脾气犟的，继续打斗下去，难免发生损伤，作为武器的螯足首当其冲。罗氏沼虾的螯足断了，虽然不至于跟杨过一样变成"独臂大侠"，会长出新的螯足，但重生的螯足比原来的短小很多。

··· 科普小驿站 ···

人工断螯技术

为了避免同类相残和促进生长，提高养殖经济效益，"断螯"技术应运而生。科研表明，经过"断螯"的雄性罗氏沼虾，能量消耗在生长上而非争斗上，可以加快生长速度。"断螯"技术的应用必须精确且人道，操作应在虾长到2.5～3厘米大时进行，仅限于靠近身体的关节处，以便虾能自然而无痛地脱落螯。

两只较劲的罗氏沼虾
（湖州市湖师附小教育集团　朱子成　绘）

肆 游历江湖

驰骋江湖的淡水虾王
——罗氏沼虾

Chicheng Jianghu de Danshui Xiawang
—Luoshizhaoxia

Macrobrachium
rosenbergii

秘境

小虾甲："听说了吗？"

小虾乙："什么？"

小虾甲："最近流传，有一种灵丹妙药，吃了之后可以体格变壮，武力大增！"

小虾乙："真的？！"

"别听他瞎说！哪有什么灵丹妙药！"边上一只稍年长的大虾训斥道，"年轻人，脚踏实地修炼才是正道，别老想着歪门邪道，一步登天。"

两小只你看看我，我看看你，不敢说话了。

大虾一看他俩蔫了，也心有不忍："不过呢……灵丹妙药虽然没有，但是有一处'秘境'，进去闭关几个月，不仅体格变壮、武力大增，还能延年益寿！"

小虾乙："真的啊！"（星星眼）

小虾甲："这位大哥，那你快说，那秘境在哪里？我们能去吗？"

大虾："具体在哪里我也不清楚。'秘境'的另一种叫法是'温室'。"

小虾乙："温室？"

小虾甲："听着是处暖和的房子，我喜欢！"

大虾："我们长臂虾门派有个传统，每年到了秋天各宗系内部会有一场大比武，这个事你们知道的吧？"

"嗯嗯"两小只配合着点头。

"大比武的胜出者除了享有无上的荣誉，还有机会拿到进入温室的通行证！"大虾无限向往地说，然后又朝着两小只道："所以，我们一定要努力，每天好好吃饭，勤加锻炼！"

小虾乙："吃饱饭！"

小虾甲："勤锻炼！"

三只虾："朝着温室进军！"

种虾进温室

01 温室深造

　　罗氏沼虾这位"南方来客"，最大的弱点是怕冷，水温下降到 16℃时，各种生理活动减弱，逐步死亡。所以，罗氏沼虾在中国大部分地区都无法自然越冬。这个特点带来的一个好处是，基本不存在外来物种入侵问题。

　　在浙江一带，每年 10 月，气温开始下降，一部分体格健壮、发育良好的罗氏沼虾被挑选出来，从池塘搬进温暖的大棚继续"深造"。在那里，水很温暖，保持在 22 ～ 23℃，有充足的饵料，还住上了"高级公寓"。如此高规格的待遇是因为虾虾们即将承担一项非常非常重要的任务——繁衍后代、延续家族。

02 该成家了

罗氏沼虾生长 6 ~ 8 个月后性成熟。

雄虾达到性成熟时，透过头胸甲可见乳白色的精巢，第二步足呈蓝色或深蓝色；雌虾达到性成熟时，透过头胸甲可见橙红色的卵巢。

在东南亚天然水域中，每年 2—7 月是罗氏沼虾的繁殖期。罗氏沼虾 1 年可产卵多次，2 次产卵间隔 30 ~ 40 天。只要水温适宜、饵料供给充足，产卵次数还可以增加。在江浙地区，人工养殖条件下，每年 1—5 月为繁殖高峰期。

性成熟雌虾
（透过头胸甲可见橙红色性腺）

罗氏沼虾繁殖过程中会有一些典型性行为。

识别求偶。两性个体相遇后，通过触角接触试探，如果雄虾感受到雌虾的性可接受，会顺着雌虾运动的方向追逐或跟踪。

雄虾占位。如果雌虾停止运动，雄虾即停留或守护在其附近，出现占位行为，守卫的空间一般是其螯足可控制范围。雄虾占位后，开始用步足清洁身体，如有其他雄虾靠近，会用第二步足警戒，尽力驱赶。

如果在池底放置一些人工巢穴（瓦片、小竹篓等），进入巢穴的雄虾会出现明显的占区行为，不允许其他雄虾进入，接纳性腺发育成熟的雌虾。有意思的是，如果进入的是性腺未发育成熟的雌虾，也会被雄虾驱赶。

雌虾蜕壳。雌虾的生殖蜕壳常常发生在雄虾守卫在身边或雄虾占位期间。蜕壳之后，待恢复力量，雌虾即主动向雄虾靠近。

雄虾守卫。雄虾用强大的螯足环抱雌虾，并不马上交配，其间，雄虾使用肢体、触角与雌虾进行交流，偶然会释放雌虾，护在身旁或身后，一

抱卵虾

旦发觉周围有异动，又迅速将雌虾"搂抱"起来，有时这种状态会持续3小时左右。

交配传递精荚。一段时间后，雄虾用第一对步足和螯足将雌虾压在自身腹下，使用步足不断拨弄、扳动雌虾的身体，使雌虾侧翻露出腹部，并调整自身体位与雌虾成"X"形，雄虾背部隆起，身体呈弓形，用力释放出精荚，迅速粘贴在雌虾纳精囊内。完成交配后，雌虾解除"X"形体位，挣脱雄虾的抱持，待雌虾躯壳硬化后雄虾释放雌虾。

产卵与抱卵。雌虾远离雄虾，独自产卵。产卵时，第2、4、5对步足作支撑，背部隆起、腹部前弯、尾扇着地，身体呈"C"形，通过肌肉颤动将卵从生殖孔排出，经过精荚表面接触精子，完成受精。受精卵通过步足推至腹部。游泳足划水为受精卵提供氧气，直到受精卵孵化。

罗氏沼虾
繁殖行为

03 大侠的秘笈

　　一粒小小的受精卵能成长为一只大虾，在淡水虾界称霸，享"淡水虾王"美誉，自然是有过人之处的。

　　大侠的秘笈是什么？我们从水产养殖"种、水、饵、管"四要素来一探究竟。

　　天赋异禀。罗氏沼虾生长快，约3厘米的虾饲养5个月后，个体可达30克，生长速度非常惊人。经研究选育的罗氏沼虾"南太湖3号"国家水产新品种，在生长速度上更快一步，并且抗逆能力强、成活率高。

··· 科普小驿站 ···

罗氏沼虾"南太湖3号"

　　罗氏沼虾"南太湖3号"是浙江省淡水水产研究所、中国水产科学研究院黄海水产研究所以罗氏沼虾"南太湖2号"核心育种群体和2007年从孟加拉国引进的罗氏沼虾后代群体为基础群体，以体重和成活率为目标性状，采用家系选育技术，经连续4代选育而成的国家水产新品种（新品种登记号：GS-01-009-2022），具有生长速度快、抗逆能力强、养殖成本低、适宜培育大规格商品虾等特点。被农业农村部列为2024年农业主导品种。

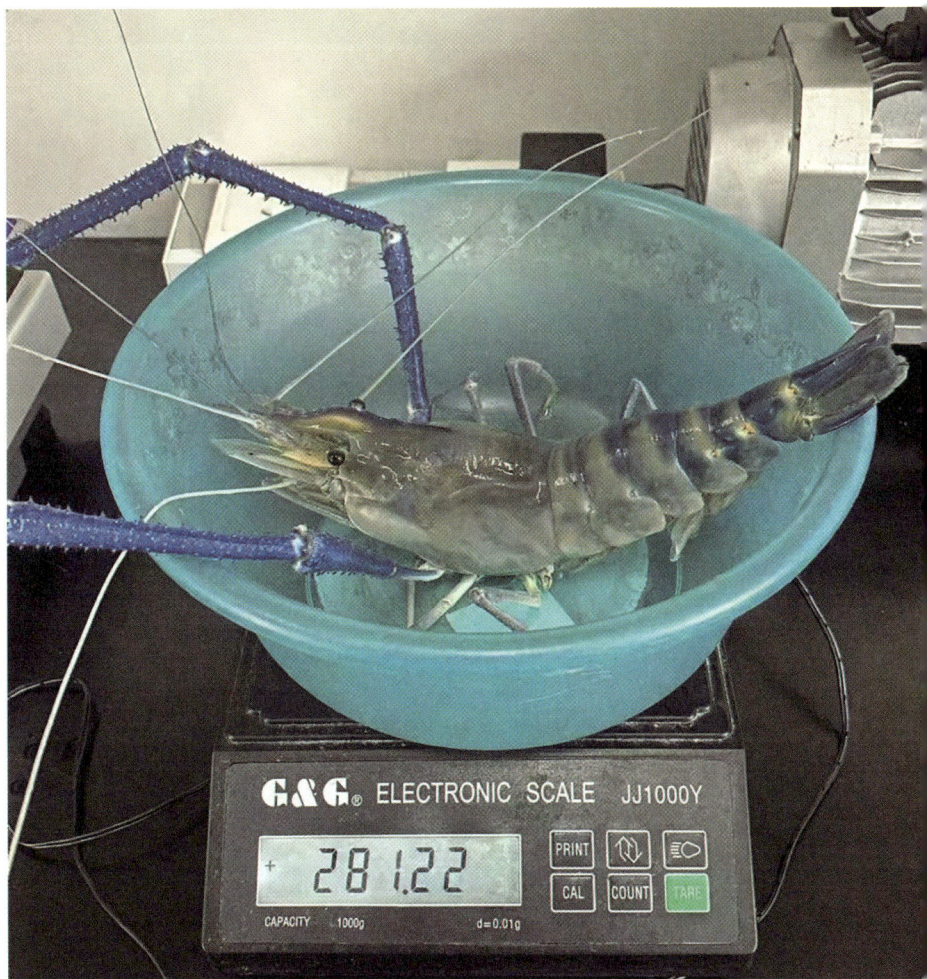

大规格罗氏沼虾

养虾先养水。整个养殖期间保持水质"肥、活、嫩、爽"，pH 值保持在 7.6 ～ 8.3，溶解氧在 5 毫克 / 升以上，透明度保持在 25 ～ 35 厘米。放苗前、养殖期间，根据水体肥瘦、天气情况适当施肥，培育浮游生物，为虾提供生物饵料。根据虾生长情况和水温适时加水，养殖前期水位控制在 0.6 米左右，后期水位保持在 1.2 米左右，7、8 月高温期水位可以加深至 1.8 米左右。虾生长旺季后半夜一直开增氧机，梅雨、阴雨、高温季节，延长开机时间。

定制食谱。罗氏沼虾食性杂，动物性饵料、植物性饵料都吃。人工养殖条件下，虾苗对饲料的蛋白需求量为 41%，育成虾的蛋白需求量为 30% ～ 35%，其中可消化蛋白质含量应不低于 30%；脂肪需求量为 5.1% ～ 9.0%；碳水化合物需求量为 22% ～ 30%。罗氏沼虾的胃、肠道为直肠型，摄食饱胃时间短，为 15 ～ 20 分钟，胃排空则需要 5 小时左右，因此适合多次少量的投喂方式。

舒适的环境。池塘养殖比较适宜的放养密度是 2 万 ～ 3 万尾 / 亩，给每个虾足够的空间和资源，减少竞争。还可以种植一定比例的水草，为虾提供栖息地。整个养殖期间定期用生石灰消毒，消毒后 3 ～ 5 天再用有益微生物制剂改良水质，做好疾病预防。

··· 科普小驿站 ···

淡水虾王可以长多大？

在东南亚地区自然水域中，罗氏沼虾可以经多年生长为体型较大的个体，曾有捕获过体长达 40 厘米、体重达 600 克的雄虾和体长 25 厘米、体重 200 克的雌虾的记录。

种草养虾池塘

04 各显神通

目前，罗氏沼虾养殖已遍布全国 29 个省（自治区、直辖市）。在各地区，科研工作者、渔民根据罗氏沼虾的生长特性，结合当地气候、池塘条件、政策、成本等因素，充分发挥集体智慧和力量，不断摸索并通过实践，建立了一套套因地制宜、经济效益显著且兼具生态效益的养殖模式。

其中主要包括以广东高要为代表的轮叶黑藻＋温棚模式，以浙江嘉兴和江苏高邮为代表的温棚标粗＋大塘养成模式或全程温棚模式；其他包括稻田综合种养模式，与小龙虾、河蟹、南美白对虾、鳜鱼等轮养或混养模式。下面选几种作简要介绍。

种草养虾

为什么要种草？种草有很多好处。首先，水草能直接吸收底泥中的氮磷等代谢废物，改善水体环境，调节池塘水质。水草是罗氏沼虾的栖息地，也是虾躲避敌害、蜕壳的隐蔽场所，可以减少生存空间竞争和相互残害；高温季节还能防暑降温，同时也是虾的饵料来源之一。每一株水草都像一把保护伞，呵护着罗氏沼虾的生命安全。

怎么种草？池塘清整消毒后，注入新水。①选择水草品种。耐低温的水草（如马莱眼子菜、伊乐藻等）和耐高温的水草（苦草、轮叶黑藻、水花生等）混合搭配种植，种植比例为 1 : 1。②采用合适的种植方法。例如，伊乐藻适合在春季栽插，轮叶黑藻则可以通过移栽植株或播撒种子的方式种植。③设置合适的分布方式和密度。点状分布，种植面积约为池塘面积的 10%。前期水位以水草基本达到水平面为准，以后随着温度上升，水位也应慢慢升高。

虾蟹混养

中华绒螯蟹的养殖周期相对较长，而虾生长快、养殖周期较短，因此一般通过"两茬虾、一茬蟹"的模式进行套养。

如何混养？在 1 月初春时节放养中华绒螯蟹（投放密度 1 500 只 / 亩、规格 12 ~ 15 克 / 只）和青虾（投放密度 17.5 千克 / 亩、规格 600 尾 / 千克），5 月青虾起捕，6 月按照每亩 10 条左右的密度放养鳜鱼，以清除池塘中的小杂鱼，减少杂鱼与虾蟹之间的竞争，再放养体质健康、活力好的大规格罗氏沼虾（投放密度为 10 ~ 15 千克 / 亩、规格 12 ~ 20 克 / 尾）。

罗氏沼虾套养密度要适中，中华绒螯蟹和罗氏沼虾均为杂食性动物，若沼虾投放密度高，虾蟹之间的竞争会加大，造成虾蟹的规格偏小，从而影响整个池塘的养殖效益。

虾蟹嬉戏

稻田养虾

养成的罗氏沼虾

"两虾一稻"综合种养

罗氏沼虾"两虾一稻"综合种养技术，选择罗氏沼虾作为养殖品种，虾的排泄物为稻谷提供肥料，可显著减少化肥等的使用，既节约成本又绿色环保。

虾养在哪里？在稻田的四周挖环沟，不超过稻田面积的10%，可挖成"L"形或"l"形。通过加宽、加高、加固田埂，提升稻田田面水深，田埂要比田面高80厘米，底宽不少于80厘米，顶宽不少于40厘米。环沟交接处要安装一台1.5千瓦的叶轮式增氧机。

虾什么时候养？放苗前，先往稻田和环沟内注入适当水，保持土壤湿润，并用生石灰消毒；3月下旬虾沟内种植一定量的水草，随着水草生长，逐步加高水位。

第一茬虾。4月中旬前后，当稻田水温在20℃以上时，选取晴天早上，投放体质健康、活力好的罗氏沼虾标粗苗种（150～300尾/千克），最适稻田放养密度10 000尾/亩。

第二茬虾。7月上旬，在环沟内投放体质健康、活力好的罗氏沼虾大规格苗种（100～200尾/千克），放养密度以1 750～2 000尾/亩为宜。

这种种养模式的最大落脚点就是稳定粮食生产，同时实现一水两用、一田双收，提高亩均收益。目前该模式已在浙江省、安徽省等地进行小规模推广应用，推广应用面积超2万亩，被全国水产技术推广总站列为2024年重点推广水产养殖技术。

伍

浮世烟火

驰骋江湖的淡水虾王
——罗氏沼虾

Chicheng Jianghu de Danshui Xiawang
——Luoshizhaoxia

Macrobrachium rosenbergii

我，一只悠然自得的虾，于这方碧波荡漾的池塘之中，过着自己的逍遥日子。春天，我穿梭于嫩绿的水草间，寻觅着爱吃的小鱼、虫子；夏日，烈日炎炎，我和同伴们藏于阴凉之处，只在黄昏和清晨，才会爬到近岸浅水处，因为我们都知道一天中这两个时刻，那里会落下很多散发着鱼肉香味的软软的小"面包"，虽然吃着不如新鲜小鱼可口，但不用费劲去觅食了，也还不错。闲暇时，遇到个不顺眼的家伙，也会打一架解解闷。日子就这么一天天过着，肆意又潇洒。而时光荏苒，转眼间，秋风起，带来了丰收的气息，也悄然改变了这片池塘的宁静。

　　那是一个寻常却又不平凡的日子，天空湛蓝如洗，池塘却悄然间发生了微妙的变化。水位，开始缓缓下降，那片曾经被水波温柔拥抱的岸边，失去往日的朦胧，变得清晰而陌生。水位持续下降，我和同伴们只能都往池塘中间挤，我们都预感到一场变化的临近。我望着远方，心中既有对过往生活的怀念，也有对未来不确定的迷惘，不知道命运将安排我去向何方？

罗氏沼虾捕获场景

养成的罗氏沼虾面临着两种命运：少部分体格健壮、活力强、成熟度好的虾被选为亲本，移进温室继续强化培育，承担延续种群优秀基因的使命；大部分则作为商品虾出售，"游"进大卖场、菜市场，出现在万家灯火的餐桌上。

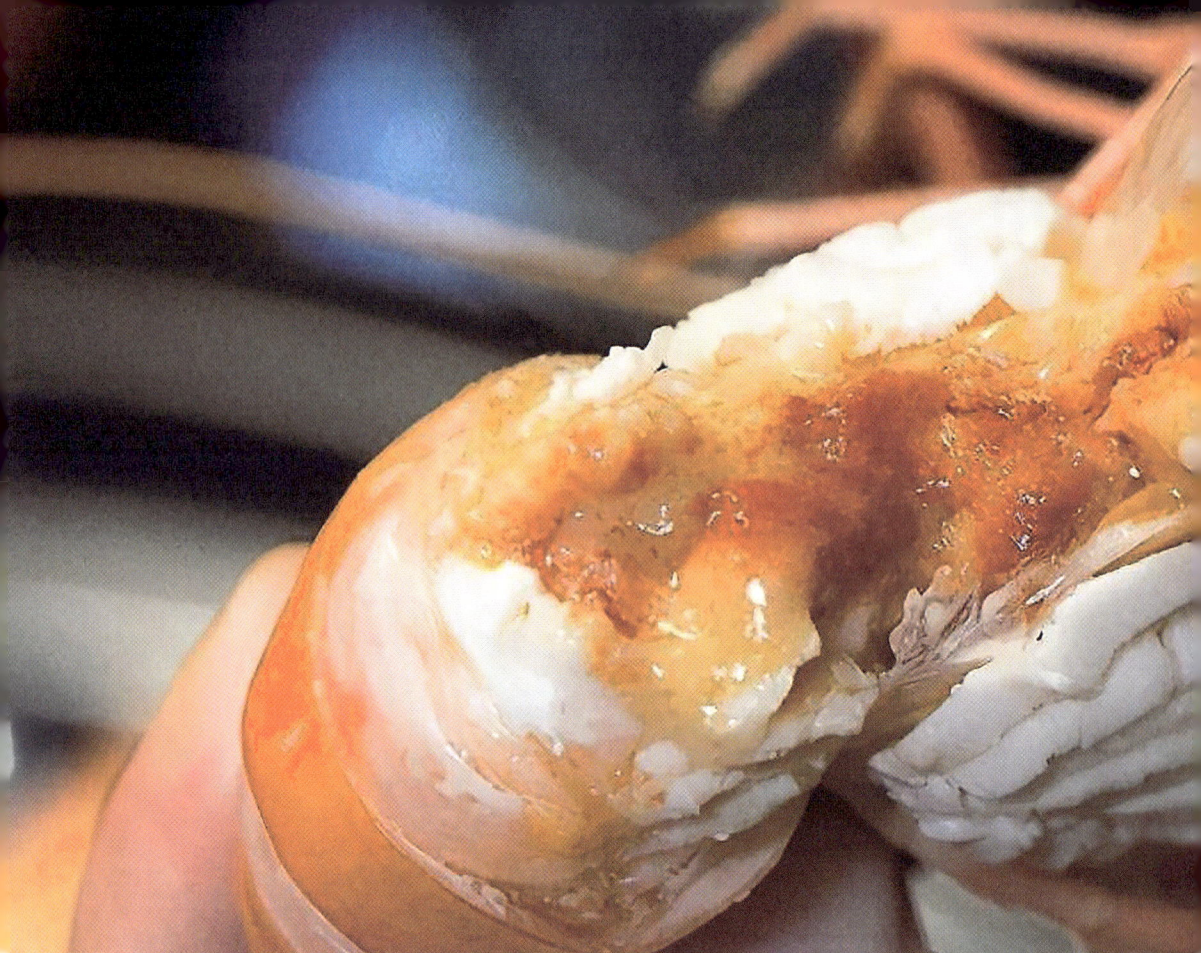

脂香诱人的虾膏

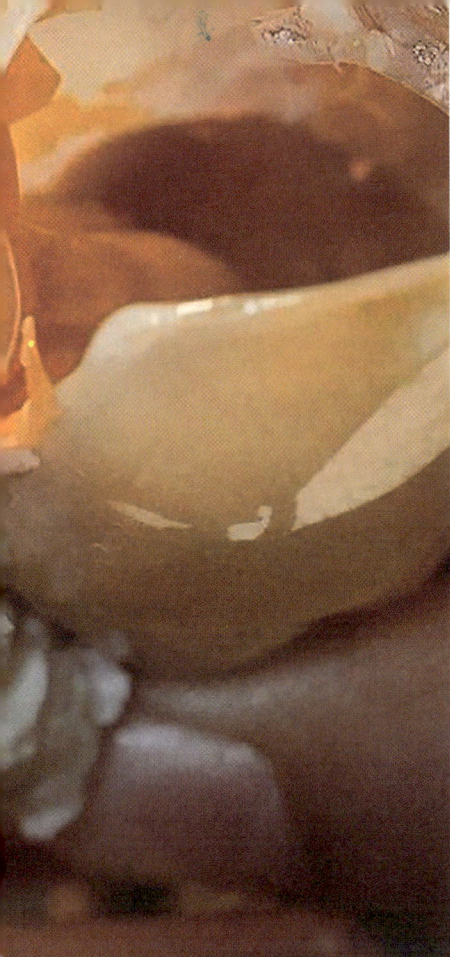

01 餐桌新宠

中国人的餐桌上少不了一盘大虾。近年来，壳薄肉厚、味道鲜甜的罗氏沼虾成了国人餐桌上的新宠。

罗氏沼虾外壳薄肉质 Q 弹，虾肉味美鲜甜，虾头膏脂甘香，深受"吃货"们的喜爱。研究数据表明，虾肉蛋白质含量在 20% 以上，比鸡肉、蛋、猪肉和牛肉还高。罗氏沼虾肌肉中检测到 18 种游离氨基酸，包括 7 种必需氨基酸，必需氨基酸含量占比 49% 以上，显著高于 WHO/FAO 标准（35.38%），属于优质蛋白。另外，还含有矿物质、维生素、脂肪和碳水化合物，是一种营养丰富的优质水产品。

为什么会觉得鲜甜？

如果只能用一个词来形容罗氏沼虾的美味，那一定是"鲜甜"。

"鲜"是什么？呈鲜味的氨基酸有谷氨酸、天冬氨酸。罗氏沼虾肌肉中谷氨酸、天冬氨酸含量在所有氨基酸中位居第一、第二，且滋味活性（TAV）均大于 20，谷氨酸的 TAV 更是达到 100！众所周知，味精的主要成分就是谷氨酸钠，所以罗氏沼虾天然就有很足的鲜味。更何况，虾肉中还含有核苷酸，这种物质可以"放大"谷氨酸的鲜味，称为鲜味的"协同效应"。

"甜"是什么？呈甜味的氨基酸有苏氨酸、丝氨酸、甘氨酸和丙氨酸。后三者的滋味活性（TAV）均大于 5，其中丙氨酸的 TAV 达到 18。此外，虾肉中还含有甜菜碱，也贡献了甜味。

··· 科普小驿站 ···

呈味氨基酸

游离氨基酸中的呈味氨基酸是影响水产品肌肉风味的重要指标，不同呈味氨基酸对产品口感的贡献大小常用滋味活性（Taste Activity Value, TAV）来表示。当 TAV 大于 1，则说明对应氨基酸对产品口感有显著影响。

02　食当本味

武学的最高境界是无招胜有招。凡是绝顶的武林高手，都不需要花里胡哨的招式，一招即可制敌。

同理，最好的食材只需要最简单的烹饪方式。所以，白灼才是对河鲜最高的礼遇。

白灼虾。清水坐锅，放入姜片和葱段，盐、料酒少许，煮开后，将鲜活的罗氏沼虾直接放进水里煮熟，保持虾鲜、甜、嫩的原味。趁热，将虾剥壳蘸酱汁而食，不蘸亦可。

03 红与白

中式烹饪中有"红烧""白烧"之分。"红烧"多以酱油、糖色为主料，使菜肴色泽红亮；"白烧"以鲜汤或原汤烧制，不加酱油、糖色等带色调料，菜肴质地鲜嫩、原汁原味。

红烧大虾。活虾剪去额角、虾脚、虾须，挑掉虾线；配个料汁：生抽、料酒、白糖、少许老抽、少许盐，半碗清水，搅拌均匀。锅中倒入油，油微热放虾，炒至虾变色，虾壳微微被油煸透，加入比较多的蒜蓉，炒香；然后放入调好的料汁，翻炒片刻，中火煮；收汁，装盘，撒葱花。

一盘色香味俱全的红烧大虾就成啦！

白烧沼虾。相比浓油赤酱的红烧系，白烧亦有一番风味。白烧沼虾的方法与红烧类似，不同的是，不加老抽、不加糖，以生抽调味，快起锅时，撒一把芹菜粒，不仅带来一种独特的清香味，而且使得这道菜的色泽更丰富。

小 Tip：芹菜含草酸，与虾中的蛋白质结合易生成难消化的物质，所以需要先焯水去掉草酸。

家常红烧罗氏
沼虾教程

红烧大虾

蒜蓉沼虾

清蒸大虾

熟醉沼虾

04 "醉"有滋味

醉味分生醉、熟醉两种。生醉，是将食材活生生地醉腌，追求极致的鲜美；熟醉则比较温和，醉卤汁一点点浸润进食材内里，既保住了河鲜的鲜美甘甜，又有黄酒的清洌柔和。

熟醉沼虾。选体肥膏黄的大沼虾，剪掉额角、虾脚、虾须，加葱姜蒸熟或煮熟后捞出，立即放入冰水浸泡。制作调料汁：八角、桂皮、香叶、干花椒、话梅、生抽和冰糖煮 10 分钟左右，煮好后加入花雕酒，晾凉。把虾浸泡在调料中冰箱冷藏 3 ~ 5 小时，即可。

家常熟醉罗氏
沼虾教程

陆

谁与争锋

驰骋江湖的淡水虾王
——罗氏沼虾

Chicheng Jianghu de Danshui Xiawang
——Luoshizhaoxia

Macrobrachium rosenbergii

长臂虾门派大事记

1976 年，定居中国广东。

1994 年，门派初兴，呈"虾丁兴旺"之景象，全国数量突破 10 000 吨，记 14 498 吨。

2001 年，经繁衍迁徙，本派子孙在全国 16 个省份安家落户，中国区总量 128 338 吨，占全球总量的 60%。

2002 年，南方种群中暴发了一种可怕的"白尾病"，传染性极强，很多虾宝宝死于这场灾难，门派发展陷入第一次危机。

2005 年，"白尾病"得到有效控制，幸哉！虾子虾孙正常繁衍，本派又开始进入平稳发展阶段。

2009 年，全国总量达 144 467 吨，占全球总量的 70%；当年，浙江有 150 亿尾小虾顺利出生，可喜可贺！

2010 年，一种不知名的疾病悄悄蔓延，很多虾得了"长不大"的怪病。这是悲壮的一年。

2020 年，十年来，我们严格甄选品质优良、健壮的种虾负责种群繁衍，经多年经验和各方技术集成一套大虾养成秘笈。十年磨炼，终见成效，本年全国总量超过了 2009 年，达第二次高峰（161 888 吨）。

……

01 以史为鉴

中国罗氏沼虾养殖发展史

从罗氏沼虾养殖业在中国 40 多年的发展史来看，整个产业两起两落，总体是在曲折中前进、发展。第一次产业发展壮大得益于人工育苗技术的突破和规模化；第二次产量高峰出现在罗氏沼虾白尾病得到有效控制后。近 10 多年以来，以浙江省淡水水产研究所为代表的科研机构持续选育生长快、抗逆能力强的良种推向产业，不断输送与之配套的育苗、养殖技术，形成"育繁推"一体化发展模式，产业得到平稳向上发展。

"发展养殖，种业先行"是种植、养殖业一条亘古不变的法则。以史为鉴，种业创新是罗氏沼虾产业持续健康发展的关键要素和先决条件。

水产育种技术

中国是世界上最早开始水产选择育种技术研究的国家之一，在水产遗传育种基础研究方面总体处于世界领先水平。随着生物技术的快速发展，水产遗传育种已从传统选择育种和杂交育种，发展至细胞工程育种、性别控制育种、分子标记辅助选择育种、基因编辑等精准设计育种。当前及未来水产养殖业发展的主要推动力依然是针对生长、饲料转化率、抗病、性别控制等重要经济性状的遗传改良。

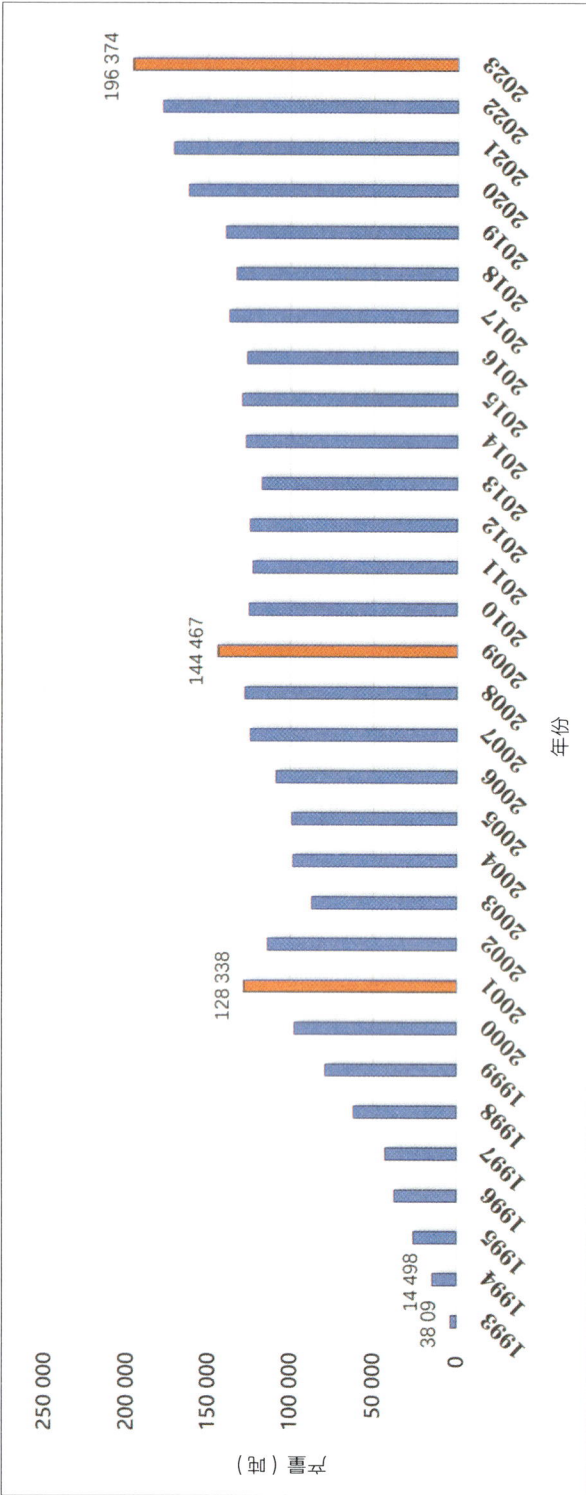

1993 年以来中国罗氏沼虾年产量变化

国际

国内

- 2015 转基因虹鳟上市
- 2014 全基因组选择育种
- 2016 贝类全基因组选择育种
- 2014 首例全基因组编辑——黄颡鱼
- 2011 QTL定位用于分子标记辅助育种
- 2008 生殖细胞移植即"借腹怀胎"技术建立
- 2004 BLUP遗传评估方法的应用
- 2000年代 BLUP遗传评估方法的应用
- 2000 红鳍东方鲀基因组破译
- 20世纪90年代 分子标记辅助育种
- 20世纪70年代 诱致杂种挂牌研究基地及养殖设施
- 20世纪70年代 两性可育异源四倍体鲫鲤产生
- 1982 首例体细胞克隆鱼诞生
- 1972 鱼类遗传育种研究室建立
- 1960 全雄罗非鱼培育
- 1959 人工多倍体三倍和鱼诞生
- 20世纪30年代 第一个鱼类遗传育种室建立
- 20世纪20年代 美洲红点鲑选择育种
- 1903 海胆、海星远缘杂交

- 2012 水产生物基因组相继破译
- 2010 黄颡鱼"全雄1号"培育
- 1983 首例转基因鱼产生
- 1982 全雌鲤培育
- 1976—1981 天然雌核生殖异育银鲫培育
- 1962 选育新品种海带"海青一号"
- 1961 板质杂种鱼产生
- 1958—1960 "四大家鱼"人工繁殖
- 1958 鱼类杂交实验
- 1956 海带自然光育苗
- 1955 紫菜育苗
- 1800年 红色或金色鲫突变体的发现和金鱼选育
- 公元前460年 商《养鱼经》

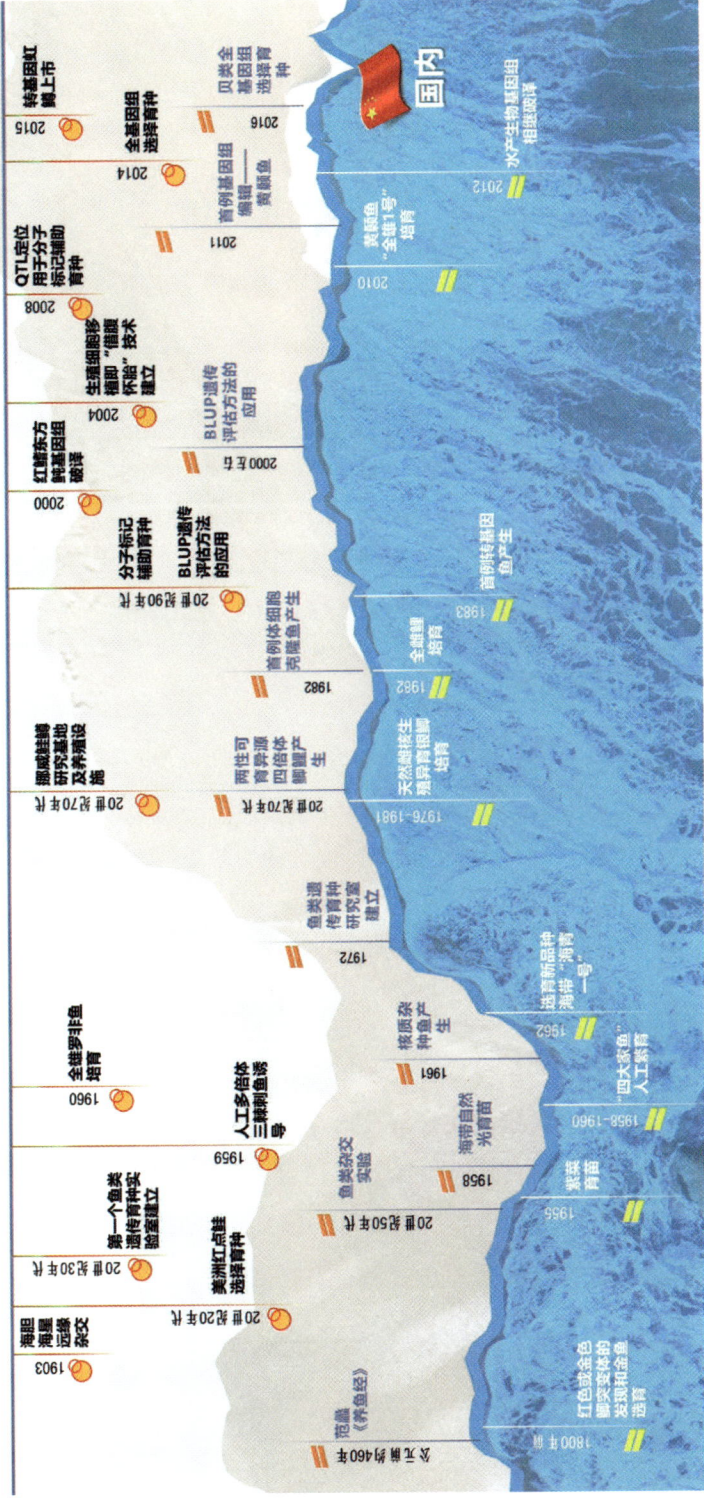

中国和国际水产遗传育种生物技术发展重大事件（参考桂建芳、张晓娟等）

INTERNET

02 门派翘楚

要说当今江湖，长臂虾门派的翘楚是哪家？罗氏沼虾"南太湖"系列当之无愧。浙江省淡水水产研究所选育的罗氏沼虾"南太湖2号""南太湖3号"新品种，先后于2009年、2022年通过国家水产原种和良种审定委员会审定，并被农业农村部列为2023年、2024年农业主导品种。"南太湖"系列良种目前占据全国近1/3的种虾市场份额。

"1号"去哪里了？

罗氏沼虾"南太湖2号""南太湖3号"这两个品种手握"国字号"金招牌，名气大、声望高。那么，为什么鲜有"南太湖1号"的信息？"1号"又去哪里了呢？

"1号"当然是存在过的

浙江省淡水水产研究所从2000年开始开展罗氏沼虾育种研究。针对种质退化等难题，从缅甸自然水域引进原种虾苗，通过群体选育和不同地理群体间杂交，筛选出生长快、抗病力强的"南太湖1号"新品系。群体杂交选育，因其杂种优势性状不易稳定，核心种质资源无法有效保护，难以建立稳固、可控的良种扩繁体系。但是"南太湖1号"为"2号""3号"的创制奠定了重要的基础。

"2号""3号"是怎么炼成的？

"南太湖2号""3号"是"1号"的迭代升级版。那么"1号"不行，为什么"2号""3号"又行了？使用了什么关键技术？

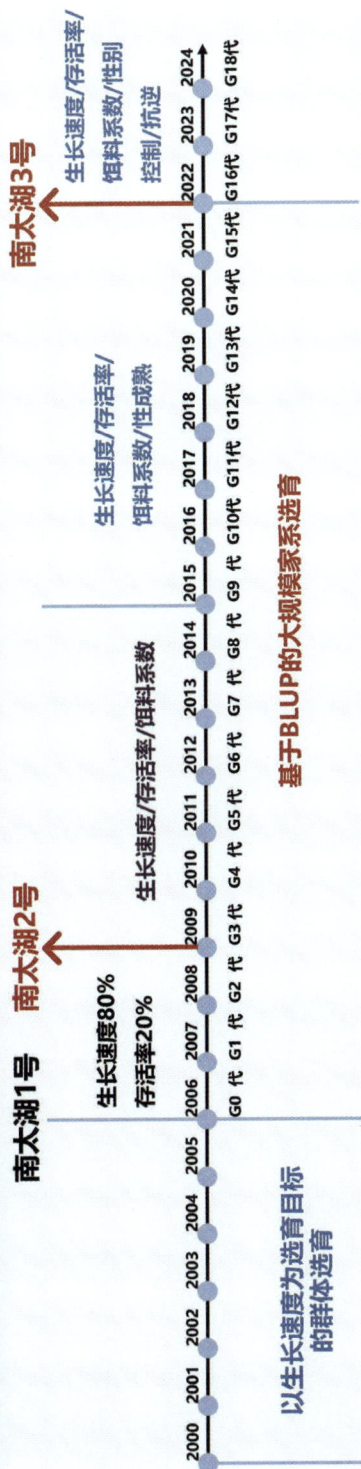

罗氏沼虾"南大湖"系列良种选育过程

单性状　**多性状复合育种**

南大湖1号　南大湖2号　南大湖3号

生长速度80%　存活率20%

生长速度/存活率/饵料系数/性成熟

生长速度/存活率/饵料系数/性别/控制/抗逆

以生长速度为选育目标的群体选育

基于BLUP的大规模家系选育

2000 2001 2002 2003 2004 2005 2006 2007 2008 2009 2010 2011 2012 2013 2014 2015 2016 2017 2018 2019 2020 2021 2022 2023 2024

G0代 G1代 G2代 G3代 G4代 G5代 G6代 G7代 G8代 G9代 G10代 G11代 G12代 G13代 G14代 G15代 G16代 G17代 G18代

罗氏沼虾动画科普视频——一只大头虾的故事

　　2006年，浙江省淡水水产研究所联合全国水产技术推广总站和中国水产科学研究院黄海水产研究所，引进"水生动物多性状复合育种技术"，应用于罗氏沼虾的遗传改良。以广西早期引进种自交子三代、浙江早期引进群体和广西早期引进群体为基础群体，以生长速度和存活率为选育目标，经4代多性状复合育种技术培育出罗氏沼虾"南大湖2号"；此后，又以体重和成活率为育种目标性状，采用多性状复合育种技术，经连续4代培育出南大湖3号。其中的制胜法宝就是"多性状复合育种技术"。

多性状复合育种技术

优良品种培育，通俗来说，就是淘汰"有害基因"，同时全面、高效地集成"有利基因"。

淘汰"有害基因"。 多性状复合育种技术通过采取家系标记、个体标记等手段，严格地在家系水平上选种和配种，解决了近亲交配及由此导致的种质退化问题。

集成"有利基因"。 在罗氏沼虾的遗传评估中，对个体的育种值进行准确估计，进而选出优良的亲虾是育种成功的关键。多性状复合育种技术采用了先进的动物模型，通过 REML 法和 BLUP 法，计算每个个体、每个性状的育种值和多个性状的综合育种值，实现全面、高效地集成"有利基因"，从而达到同时改良多个性状的目的。

多性状复合育种技术的显著特点是，目标性状的遗传进展会随着世代增加不断提高。罗氏沼虾目标性状获得的遗传进展，通过核心群、扩繁群和生产群三级金字塔体系进行传递和扩大。核心群获得的遗传进展，通过在原、良种场培育的扩繁群传递到生产群，逐步对现有养殖群体进行替换，从而达到对整个养殖群体实现遗传改良的目的。

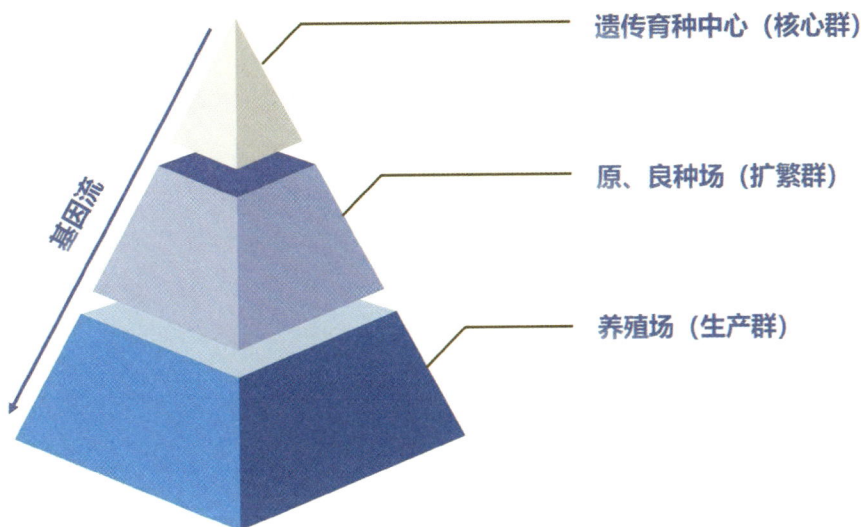

罗氏沼虾三级金字塔遗传进展传递系统
（仿 Ponzoni 等）

··· 科普小驿站 ···

最佳线性无偏预测法

最佳线性无偏预测法（Best Linear Unbiased Prediction，BLUP）是一种先进的遗传评定方法，1972 年由 Henderson 首次提出。该方法以线性混合模型为基础，能够对系统环境误差进行矫正，得到无偏可稳定遗传的育种值。动物模型 BLUP 法计算过程比较复杂，必须用电脑才能完成。

约束最大似然法

约束最大似然法（Restricted Maximum Likelihood Method，REML）是一种用于估计统计模型参数的方法，可准确地估计出遗传、环境等的方差组分、各性状的遗传参数和彼此间的遗传相关。

03 闭关升级

目前，我国国审罗氏沼虾新品种有四个，分别是"南太湖 2 号""南太湖 3 号""数丰 1 号""苏沪 1 号"，是以生长速度、存活率、收获体重为目标性状选育的。在性别控制、抗病等其他重要经济性状的遗传改良上还有很多文章可做。

单性化养殖

传统罗氏沼虾养殖模式均为雌雄混养，养殖过程中部分虾性成熟早，进行交配繁殖消耗大量能量，进而影响生长速度和群体均匀度。相比雌雄混养，单性化养殖具有更大的经济效益，发展前景广阔。

单性化养殖，顾名思义就是同一水体空间中只养殖一种性别的虾，分全雄、全雌两种养殖模式。由于罗氏沼虾雌雄之间的经济性状如生长速度、个体大小等存在显著差异，两种养殖方式各有优劣。

全雄养殖模式。同等养殖条件下，雄虾生长速度比雌虾快 50% ~ 70%，性成熟雄虾个体大小约为雌虾的 2 倍；而且，雌虾达到性成熟后，摄食能量主要用于性腺发育，生长速度会减缓，所以，在以育成大规格商品虾为目标的稻田养虾、虾蟹混养等模式中，全雄养殖更有优势。但雄虾好斗，有明显的领域行为，同性之间易相残，所以，全雄养殖要注意养殖密度不宜过高。

全雌养殖模式。雌虾性情相对温顺，单位面积养殖密度高，所以雌虾的存活率和生长同步性优于雄虾。而且，雌虾含有高营养价值且味美不输蟹黄的生殖腺（虾膏），这对"吃货"来说，非常有吸引力。

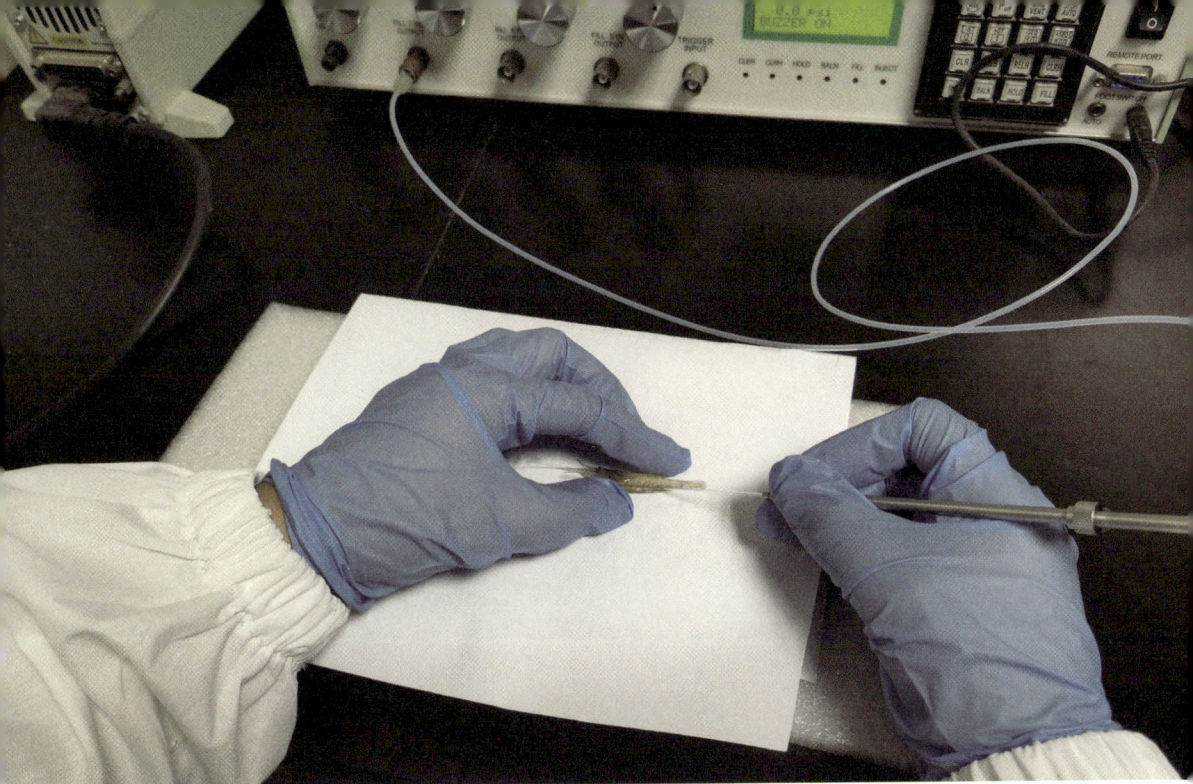

显微注射 RNAi 技术

性别控制技术

人工挑选雌雄分开的方法劳动强度大、成本高，且雌雄幼虾区分不明显，所以，迫切需要性别控制技术开展罗氏沼虾单性化育苗。

性别控制技术的重点在于挖掘和鉴定性别分化与性别决定的关键基因。已知的性别相关基因有 *Mr-IAG* 基因（促雄性腺特异性基因）、*Mr-IR* 基因（胰岛素受体基因）、*Mar-Mrr* 和 *MRPINK* 基因、*MroSxl* 和 *MroDmrt* 基因、*ERR* 基因等。在国外，以色列已经开始利用 RNAi 技术干扰 *IAG* 基因生产"假雌"罗氏沼虾并由此生产全雄品系，但是更为高效的性别逆转基因和方法亟待发掘。

雄虾（左）、雌虾（中）与假雌虾（右）对比

　　在国内，浙江省淡水水产研究所通过研究攻关，于2020年发现沉默 *DMRT 1a* 基因可使雄虾转为"假雌虾"，并进一步突破了基于 *DMRT* 基因 RNAi 技术干扰的全雄罗氏沼虾苗种培育技术，全雄品系的雄性率达到 97% 以上。成功打破了以色列基于 IAG 干扰技术生产全雄罗氏沼虾的技术壁垒，加快我国全雄罗氏沼虾繁育规模化进程，推进了甲壳动物单性育种技术的发展。

盐碱水养殖

近年来，国家高度重视盐碱地综合利用工作。发展盐碱地水产养殖不仅有利于拓展渔业发展空间，还能够修复盐碱土壤，对粮食安全和生态文明建设有重要意义。2022年农业农村部渔业渔政管理局公布了70个盐碱地水产养殖典型案例。

罗氏沼虾受精卵孵化和幼体发育阶段在咸淡水中，幼虾至成虾都在淡水中生活。那么，罗氏沼虾在有盐度的水中能养殖吗？对罗氏沼虾盐碱地养殖的研究早在20世纪90年代就开始了。研究表明，盐度大于8时，摄食次数显著减少，摄食时间和运动时间大大减少；在较低盐度（盐度不超过8）下蜕壳次数明显减少，蜕壳时受到攻击的频率也降低。说明在较低盐度条件下，罗氏沼虾生长发育不受影响，而且能提高成活率，从而提高养殖产量。

而研究发现，与盐度相比，罗氏沼虾幼体对碱度胁迫反应更加敏感。当碱度达到230毫克/升时，虾苗死亡率近50%。因此，针对不同地区盐碱水的特点，研究人员一方面通过水质调控有效降低水体碱度，一方面持续开展耐盐碱品种的选育，力求罗氏"大侠"在不久的将来，可以在盐碱水域大展身手。

近年来，科研人员在宁夏、新疆、甘肃等地积极探索盐碱水养殖，2024年在这些地区推广养殖罗氏沼虾约3万亩，亩均产量在250千克以上。

《养鱼经》

04 未来已来

古老的行业

　　水产养殖是一门古老的行业。殷墟出土的 3 200 年前的甲骨文"贞其雨，在圃渔"，表明在殷商时期，中国就开始了池塘养鱼。约 2 500 年前的春秋时代，越国重臣范蠡辞官经商养鱼，撰写了世界上第一部人工养鱼技术专著——《养鱼经》。

⋯ 科普小驿站 ⋯

范蠡养鱼故里

　　2022 年，在各方权威专家认证下，浙江湖州被认定为"中国淡水养殖重要起源地"，湖州菱湖是范蠡养鱼文化故里。湖州，在全国率先确定"渔文化之源"的历史地位。

与民生息息相关的行业

新中国成立后，1956 年毛泽东主席在武汉调研时约请当时的中国科学院水生生物研究所所长王家楫先生，问计"吃鱼难"问题，写下"才饮长沙水，又食武昌鱼"的著名诗篇；1959 年，中央政府确定"养捕并举"方针；1978 年，《人民日报》发表社论，提出要"千方百计解决吃鱼难"问题；1986 年出台《渔业法》，正式确定渔业"以养为主"方针。

所以说，水产养殖业从一开始就与民生息息相关，存在的基础就是老百姓的需求。

得民心者得天下

罗氏沼虾"南太湖"系列良种因具备生长快、养成规格大、成活率高等优良的生产性能，受到广大养殖户的欢迎。全雄罗氏沼虾生长速度快，全雌罗氏沼虾存活率高，单性化养殖是今后的养殖方向。稻田养虾模式在防止耕地"非粮化"政策背景下，取得了粮食安全和农民增收"双赢"。我国盐碱水 6.9 亿亩，遍及 19 个省份，"宜渔则渔""以渔降碱"，发展盐碱地水产养殖是一件兼具经济和生态效益、利国利民的大好事。

"得民心者得天下"，虽是古训，但历久弥新，它不仅是对政治智慧的深刻总结，亦是现代产业发展不可或缺的指南针。罗氏沼虾产业的长足发展，离不开科技创新、绿色发展、政策扶持、品牌文化的共同作用，只有始终坚持以人为本，紧紧围绕国家战略需求，才能在激烈的市场竞争中立于不败之地，实现产业可持续发展，为乡村振兴和农民增收致富贡献更大力量。

罗氏沼虾丰收图